MISSION G. RÉVOIL

AUX PAYS ÇOMALIS.

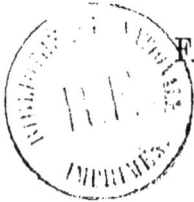

FAUNE ET FLORE

NOTE

SUR

LES OISEAUX

RECUEILLIS

DANS LE PAYS DES ÇOMALIS PAR M. G. RÉVOIL

PAR

M. E. OUSTALET,

AIDE NATURALISTE AU MUSEUM.

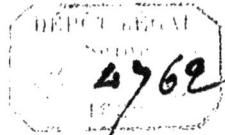

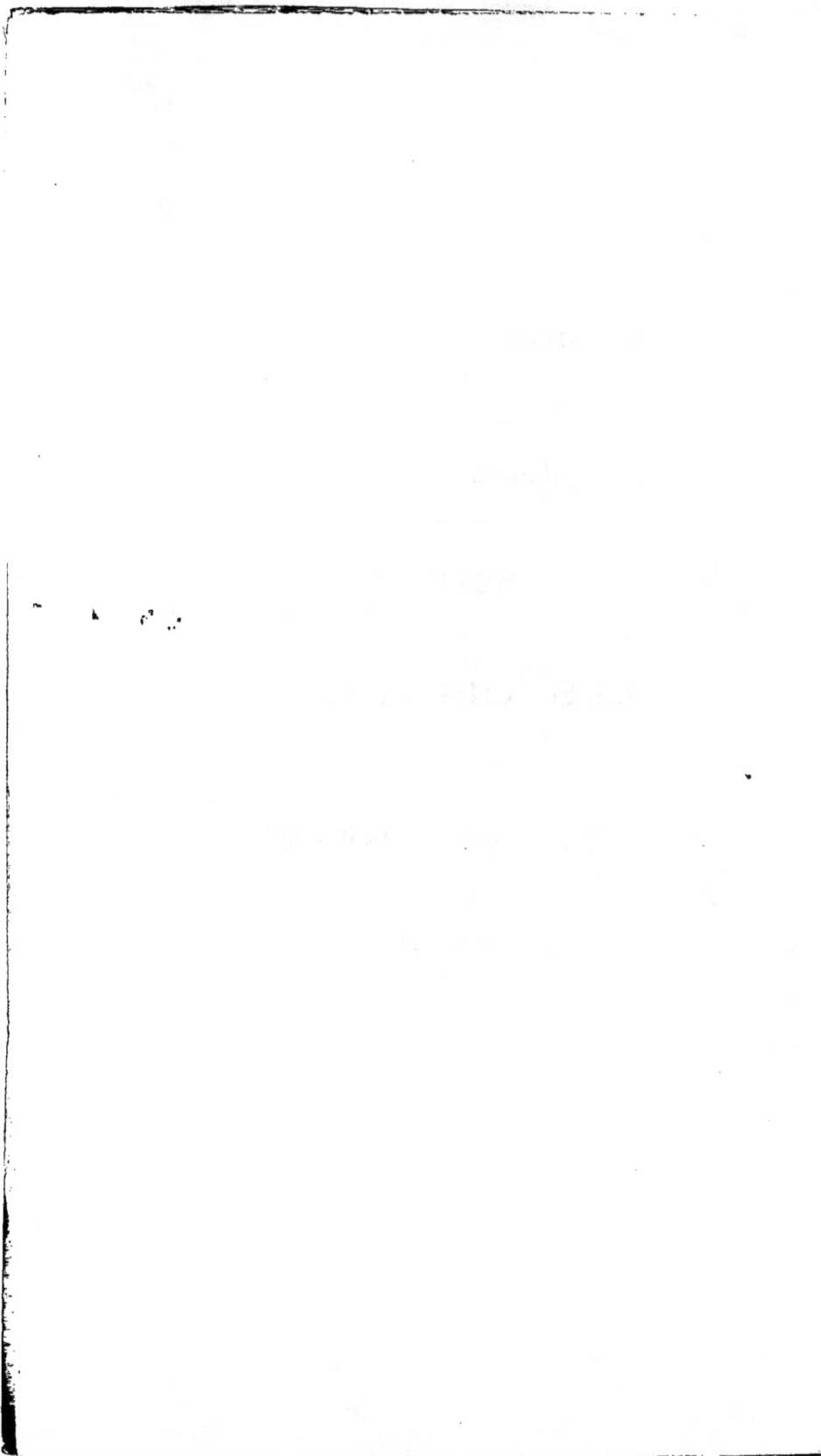

Depuis quelques années la faune ornithologique de l'Afrique orientale a été l'objet d'importants travaux de la part de MM. Rüppel, Brehm, Finsch, Hartlaub, de Heuglin, Cabanis, Sclater, Fischer, Reichenow, etc.; mais parmi les mémoires publiés par ces différents auteurs quelques-uns seulement, comme le catalogue rédigé en 1860 par M. Sclater d'après les matériaux fournis par M. Speke, concernent spécialement les oiseaux du pays des Çomalis. Il y a donc, croyons-nous, un certain intérêt à dire quelques mots de la collection formée dans cette dernière région par M. G. Révoil, en accompagnant chaque espèce d'indications sommaires sur les caractères zoologiques, les mœurs et la distribution géographique. Dans le cours de l'année 1881, M. G. Révoil a fait parvenir au Muséum d'histoire naturelle 29 spécimens d'oiseaux, mis en peau ou conservés dans l'alcool, et se rapportant aux 21 espèces dont nous donnons ci-dessous l'énumération et dont une nous paraît nouvelle pour la science.

1. AIGLE RAVISSEUR (*Aquila rapax*, Tem.).

Cette espèce d'Aigle, dont le plumage varie, suivant l'âge, du fauve pâle au brun foncé, plus ou moins varié de noirâtre et de gris, est largement répandue sur le continent africain et s'avance même jusqu'en Espagne et dans le midi de la France; aussi a-t-elle été inscrite par MM. Degland et Gerbe, au nombre des oiseaux d'Europe, sous le nom d'Aigle névioïde (*Aquila nævioïdes*) proposé par G. Cuvier.

M. Rüppel, le baron de Decken, M. de Heuglin, M. Blanford, M. Shelley, M. Brehm, M. Levaillant et le commandant Loche l'ont rencontrée successivement en Abyssinie, en Egypte et en Algérie, et M. Hartlaub l'a citée parmi les oiseaux de l'Afrique occidentale. Ses mœurs sont probablement les mêmes que celles de l'Aigle fauve.

2. ELANION BLAC (*Elanus cœruleus*, Desf.).

L'aire d'habitat de ce Rapace est encore plus étendue que celle du précédent, puisqu'elle ne comprend pas seulement le continent africain, mais les contrées de l'Europe baignées par la Méditerranée, la péninsule indienne et l'île de Ceylan. L'Elanion blac est un fort bel oiseau, dont le plumage offre des teintes douces et agréables à l'œil, du gris, du noir et du blanc pur; c'est en outre un animal très utile se nourrissant principalement d'insectes et de petits rongeurs. Dans les pays où il se sent protégé, il se montre très familier et se tient fréquemment dans le voisinage des habitations, perché sur la margelle des puits. On parvient sans peine à l'apprivoiser, mais on ne peut sans inconvénient le laisser avec d'autres oiseaux.

3. **GUÊPIER DE RÉVOIL** (*Merops Revoilii*, Oustalet, *n. sp.*).

Ce Guêpier dont M. Révoil n'a pu faire parvenir au Muséum qu'un seul spécimen (dont l'état de conservation laisse quelque peu à désirer et qui ne pourra malheureusement être monté), ne paraît pas avoir été décrit jusqu'à présent ; il appartient probablement au sous-genre *Melittophagus* et se rapproche à certains égards du Guêpier (Mélittophage) de Bullock (*Merops Bullocki,* V.) et du Guêpier (Mélittophage) Bullockoïde (*Merops Bullockoïdes,* Sm.) provenant l'un du Sénégal et du Nil Blanc et l'autre de l'Afrique australe; mais il se distingue néanmoins facilement de ces deux espèces par quelques caractères importants. Ainsi la taille chez le Guêpier de Révoil est notablement plus faible et le plumage offre des teintes beaucoup moins brillantes, les plumes du croupion et les sous-caudales étant d'un bleu d'azur et non d'un bleu d'outremer, la gorge d'un blanc légèrement teinté de jaune et non d'un rouge vermillon, les grandes pennes alaires dépourvues de taches noires à l'extrémité, etc.

Ces différences ressortiront du reste nettement de la diagnose ci-dessous : *Merops Revoilii, n. sp. vertice, alis caudaque viridibus, gula et pectore albidis, abdomine fulvescente, superciliis, lumbis, caudæ tectricibus infe-*

*rioribus et superioribus cœruleis, regione interscapu-
ari fulva, plaga postoculari, rostro pedibusque nigris.*

Sommet de la tête d'un vert clair, d'un *vert pré*, plumes frontales et plumes des sourcils fortement teintées de
bleu d'azur, une tache noire en arrière de l'œil ; région
interscapulaire d'un fauve clair ; ailes et queue vertes en
dessus avec des reflets bleus sur les grandes pennes et
quelques liserés brillants d'un bleu vif sur les couver-
tures alaires ; partie inférieure du dos, sus-caudales et
sous-caudales d'un bleu d'azur, mélangé d'outremer pâle
et de cendre bleue ; gorge et poitrine d'un blanc jaunâtre ;
abdomen lavé de fauve ; face inférieure des rémiges et
des rectrices d'un gris brunâtre, glacé ; bec et pieds noirs ;
narines s'ouvrant un peu en avant des plumes frontales
qui sont très effilées, de même que les plumes des sourcils ; sus-caudales et sous-caudales décomposées, à barbes
longues et effilées ; queue longue, mais coupée presque
carrément à l'extrémité, sans échancrure médiane bien
prononcée ni filets latéraux.

Longueur totale, $0^m,185$.

— de l'aile, $0^m,080$.

— de la queue, $0^m,078$.

— du bec, $0^m,029$.

— du tarse, $0,010$.

L'individu qui a servi de type pour cette description
n'a peut-être pas complètement revêtu la livrée définitive ;
néanmoins il a déjà des teintes très vives sur certaines
parties du corps, et ne peut être considéré comme un
oiseau jeune. La teinte fauve qui s'étend sur son dos,
dans la région interscapulaire, et remonte jusqu'à la

nuque, se retrouve, sous forme de collier, chez beaucoup de Guêpiers ; les plumes brillantes des sourcils sont légèrement indiquées sur le Guêpier de Bullock ; enfin la teinte bleu céleste des sus-caudales et des sous-caudales existe également dans une espèce d'une tout autre région, le Guêpier orné (*Merops ornatus*) de la Nouvelle-Guinée.

4. **TRACHYPHONE PERLÉ** (*Trachyphonus margaritatus,* Rüpp.).

Cet oiseau de la famille des Barbus (Bucconidés), doit son nom spécifique aux taches jaunes, en forme de perles, qui marquent les parties supérieures de sa tête et de son corps. Il est extrêmement commun dans le Nord-Est de l'Afrique, au sud du 16° degré de lat. Nord. Son nid, placé dans un tronc d'arbre creux ou dans la berge d'une rivière, renferme des œufs d'un blanc pur. Comme tous ses congénères il est doué d'une voix extrêmement retentissante.

5. **PETIT MOQUEUR A BEC ROUGE** (*Irrisor minor,* Rüpp.).

Les Moqueurs (*Irrisor*) qu'il ne faut pas confondre avec les Merles Moqueurs (*Mimus*) d'Amérique, sont des oiseaux africains au bec long, grêle et recourbé, à la queue très développée, au plumage d'un noir bleuâtre ou violacé, à reflets satinés ; ils vivent en petites troupes dans les broussailles, grimpent le long des arbres et cherchent dans les fentes de l'écorce de petits insectes. Par

leur aspect extérieur et par leurs mœurs ils se rapprochent à la fois des Huppes et des Méliphages. L'espèce dont il s'agit ici se reconnaît facilement à son bec de couleur rouge ; elle a été placée par le prince Ch. Bonaparte dans un genre ou plutôt dans un sous-genre particulier, appelé *Rhinopomastus* par Jardine.

6. SOUI-MANGA MÉTALLIQUE (*Nectarinia metallica*, Licht.).

Répandu dans le Nord-Est et l'Est de l'Afrique et dans le Sud de l'Arabie, ce Soui-Manga est connu des Arabes sous le nom d'*Abu-Risch ;* il passe la plus grande partie de sa vie sur les Mimosas où il fait la chasse aux petits insectes; c'est également aux branches de ces arbres qu'il suspend son nid artistement construit avec du duvet végétal, des feuilles, des crins et des fils d'araignée.

7. SOUI-MANGA D'ABYSSINIE (*Nectarinia habessinica*, Hempr. et Ehr.).

Cette espèce, découverte à Arkiko, en Abyssinie, par MM. Hemprich et Ehrenberg, a été observée plus récemment dans la même contrée par MM. Harris, Rüppel et Brehm, dans le pays des Çomalis par M. Speke et sur les côtes du Danakil par M. de Heuglin. Elle porte une livrée très riche, les parties supérieures du corps et la gorge étant d'un vert doré, le front pourpre, les ailes et la queue noires, la poitrine traversée par une bande rouge, les flancs ornés de touffes d'un jaune vif.

Les deux spécimens conservés dans l'alcool qui ont

été envoyés par M. Révoil du pays des Çomalis ont le
bec un peu plus long que les oiseaux qui avaient été tués
précédemment en Abyssinie par M. Schimper, mais sont
du reste revêtus absolument du même plumage.

8. TRAQUET A QUEUE NOIRE *(Myrmecocichla melanura,* Tem.).

Je rapporte à cette espèce un spécimen en assez mau-
vais état, portant une livrée grise, noire et blanche, en-
voyée par M. Révoil du pays des Çomalis et ressemblant à
quelques oiseaux tués par M. R. Germain dans les envi-
rons d'Aden. Le Traquet à queue noire habite le midi de
la Palestine, l'Arabie, la Nubie et les pays voisins.

9. BEC-FIN A FRONT ROUX *(Prinia* ou *Drymœca rufifrons,* Rüpp.).

Cette petite Fauvette, au dos gris brunâtre, au front
roux, au ventre jaunâtre, à la queue brune, fortement
étagée et marquée de blanc sur les pennes externes, a été
découverte par Rüppel en Abyssinie, mais se trouve
aussi dans d'autres contrées de l'Afrique orientale.

10. IXOS NOIRATRE *(Pycnonotus nigricans,* V.).

L'aire géographique occupée par cette espèce est extrêmement vaste et comprend d'après MM. Finsch et Hartlaub
la Syrie, la Palestine, l'Arabie, l'Egypte, le pays des
Çomalis, le pays de Mozambique, la Cafrerie, le pays de
Damara et même le Gabon.

11. PIE-GRIÈCHE A DOS GRIS (*Lanius dorsalis*, Cab.).

Cette Pie-grièche, décrite en 1878 par M. le Dr Cabanis, d'après les spécimens rapportés de N'di (Taita, Afrique orientale) par M. Hildebrandt, ressemble beaucoup à la Pie-grièche d'Arnaud (*Lanius Arnaudi*, Desm. et Prév.; *Lanius fiscus*, Cab.) qui vit en Abyssinie, mais s'en distingue par son bec plus fort, sa queue plus courte et son dos d'une autre teinte. Chez la Pie-grièche d'Arnaud l'espace compris entre les ailes est, en effet, de couleur noire, comme la tête, les joues et le bout des ailes, tandis que chez la Pie-grièche à dos gris cette même région est d'un gris cendré, se fondant en avant dans la teinte noire, mais contrastant en arrière avec la teinte blanche des sus-caudales et sur les côtés avec la bande blanche de la partie supérieure de l'aile. Un individu adulte envoyé par M. Révoil porte exactement la livrée décrite par le Dr Cabanis, tandis qu'un autre spécimen, évidemment en plumage de transition, a le capuchon d'un noir moins franc, légèrement mélangé de brun, et moins prolongé en arrière, la nuque étant d'un gris brunâtre.

12. GOBE-MOUCHE PRIRIT DE L'AFRIQUE ORIENTALE
(*Batis orientalis*, Heugl.).

Souvent confondu avec le Gobe-Mouche pirit de Levaillant (*Batis pririt*, V.), qui est confiné dans l'Afrique australe, le Gobe-mouche pirit de l'Afrique orientale est, comme son nom l'indique, répandu dans le Nord-Est du continent Africain, en Abyssinie, dans le pays des Bogos et dans le pays des Çomalis. Il se reconnaît à sa gorge blanche, à sa tête d'un gris bleuâtre.

13. CORAPHITE A FRONT BLANC (*Coraphites frontalis,* Licht.).

Deux spécimens envoyés par M. G. Révoil répondent parfaitement à la description donnée par le prince Ch. Bonaparte du *Coraphites* ou *Pyrrhulauda frontalis* (Licht.) originaire de Nubie et se distinguent, au contraire, par la coloration de leur dos qui n'est pas marron, mais fauve isabelle, du *Coraphites leucotis,* Stanl., espèce que l'on indique cependant comme se trouvant dans le pays des Çomalis aussi bien que dans le Sennaar, le Kordofan et l'Abyssinie.

Les Coraphites sont de petits Passereaux qui ont été tour à tour rapprochés des Fringilles et des Alouettes.

14. TISSERIN LORIOT (*Hypantornis galbula,* Rüpp.).

Le Tisserin loriot, ainsi nommé à cause de son plumage d'un jaune vif, nuancé d'olivâtre sur le dos, est largement répandu dans l'Est et le Nord-Est de l'Afrique, sur les côtes d'Abyssinie et du pays des Çomalis et dans le pays des Bogos, mais suivant Heuglin ne se trouve pas dans la vallée du Nil, ni dans le Kordofan. Ses mœurs sont sans doute les mêmes que celles des autres Tisserins et il suspend probablement aux branches des arbres un nid formé d'herbes artistement entrelacées.

15. MERLE BRONZÉ DE BLYTH (*Amydrus Blythii.* Hartl.).

Cette espèce porte une livrée moins brillante que celle des Merles bronzés typiques, et appartient au même groupe que le *Jaunoir* de Buffon ou *Roupenne* de Levaillant (*Amydrus morio*, L.), qui habite le Sud de l'Afrique. Elle lui ressemble par sa queue allongée, ses ailes arrondies, fortement teintées de roux sur les grandes pennes, son bec un peu arqué et caréné, son plumage noir à reflets violets, avec un capuchon de même couleur chez les mâles et un capuchon gris chez les femelles. Une espèce encore plus voisine de celle qui nous occupe, si voisine qu'elle n'en a pas toujours été distinguée, l'*Amydrus Rüppelli*, Bl., se trouve en Abyssinie et dans le Kordofan.

D'après Speke les Merles bronzés de Blyth vivent en petites troupes de six à sept individus, sur les collines du pays des Çomalis, et suivent les bestiaux dans les pâturages; mais parfois ces oiseaux se réunissent en bandes beaucoup plus nombreuses, auprès des bassins naturels où s'accumulent les eaux pluviales. M. Blanford a rencontré dans le voisinage de la baie d'Adulis, à une altitude 1 à 1200 mètres, une de ces bandes de Merles bronzés comprenant des milliers d'individus. (Voyez Hartlaub: *Die Glanzstaare Afrika's*, p. 92).

16. PLUVIER DORÉ (*Charadrius apricarius*, L.).

De même que le Pluvier suisse (*Squatarola helvetica*, L.), le Pluvier doré doit être rangé parmi les espèces cosmopolites, au moins lorsqu'on fait redescendre au rang de simples variétés locales le Pluvier à longs pieds (*Ch. longipes*) de l'Asie orientale et de l'Australie, le Pluvier fauve (*Ch. fulvus*) de l'Océanie et le Pluvier de Virginie (*Ch. virginianus*); il n'est donc pas étonnant de constater la présence de cette espèce sur la terre d'Afrique ; cependant dans les catalogues publiés jusqu'ici des Oiseaux de l'Afrique orientale, ce n'est pas généralement le Pluvier doré que l'on voyait figurer, mais bien le Pluvier suisse.

17. IBIS FALCINELLE (*Ibis falcinella*, L.).

Si l'on ne reconnaît pas les espèces *Ibis Ordii* (Bp.) et *Ibi guarauna* (L.), admises par certains auteurs, on peut considérer l'Ibis falcinelle comme un oiseau habitant toutes les régions chaudes ou tempérées des deux hémisphères. On le trouve en effet dans le midi de l'Europe, en Asie, en Australie, dans les îles de la Sonde, en Amérique, en Afrique et dans l'île de Madagascar.

18. HÉRON BIHOREAU (*Nycticorax griseus*, L.).

Le Héron Bihoreau a pour patrie l'Europe, l'Asie et l'Afrique et est représenté en Amérique par une race à peine distincte (*Nycticorax nœvius*).

19. HÉRON AIGRETTE A GORGE BLANCHE (*Ardea* ou *Herodias gularis*, (Bosc.).

Cette Aigrette porte à l'âge adulte une livrée d'un gris

foncé, avec une raie blanche sur la gorge, et lorsqu'elle est jeune, une livrée complètement blanche. Elle habite l'Afrique tropicale et l'île de Madagascar et a pour congénères, en Amérique, l'Aigrette bleue (*Ardea cœrulea*) et dans les terres australes et en Polynésie l'Aigrette sacrée (*Ardea sacra*). On la rencontre principalement au bord de la mer et sur les rives des fleuves qui s'y jettent.

20. CORMORAN ORDINAIRE (*Graculus* ou *Phalacrocorax carbo*, L.).

Le Cormoran ordinaire est répandu sur une grande partie du globe. Dans l'Afrique orientale vivent également d'autres espèces, le Cormoran à plumage brillant (*Graculus lucidus*) et le Cormoran africain (*G. africanus*).

21. FOU BRUN (*Sula fusca*, Briss.; *Pelecanus fiber*, L.).

Le Fou brun est très commun sur les îlots de la mer Rouge et sur les côtes de l'Océan Indien; sa présence dans le pays des Çomalis n'a donc rien qui doive nous étonner; cependant c'est une autre espèce, le *Sula cyanops*, Sund., qui avait été signalée précédemment dans cette région par M. de Heuglin. (Voy. Finsch et Hartlaub, *op. cit.*, p. 843).

Paris. — Imp. de Mme veuve Bouchard-Huzard, rue de l'Eperon, 5;
Jules TREMBLAY, gendre et successeur

J. Terrier del. et lith.   Imp.Becquet r. des Noyers, 37.

Merops Revoilii. Oust.

www.ingramcontent.com/pod-product-compliance
Lightning Source LLC
Chambersburg PA
CBHW070217200326
41520CB00018B/5679